图说离不开的
小空间
——农村厕所的故事

农业农村部规划设计研究院　编绘

中国农业出版社

北京

图书在版编目（CIP）数据

图说离不开的小空间：农村厕所的故事 / 农业农村部规划设计研究院编绘. —— 北京 ：中国农业出版社，2019.11

ISBN 978-7-109-25886-0

Ⅰ．①图… Ⅱ．①农… Ⅲ．①农村住宅－卫生间－介绍－中国 Ⅳ．①TU241.4

中国版本图书馆CIP数据核字(2019)第200595号

中国农业出版社出版

地址：北京市朝阳区麦子店街18号楼

邮编：100125

责任编辑：周锦玉

责任校对：巴洪菊

印刷：中农印务有限公司

版次：2019年11月第1版

印次：2019年11月北京第1次印刷

发行：新华书店北京发行所

开本：880mm×1230mm　1/24

印张：$3\frac{2}{3}$

印数：1~15 000册

字数：95千字

定价：28.00元

前言

　　"一个土坑两块板，三尺土墙围四边" "夏天苍蝇多，冬天脚下滑"，这曾是传统农村厕所留给人们的印象。不卫生、不方便，如厕脏、如厕难，这些典型特征成为影响农民生活质量的重要因素，也是不少长期生活在城市的新生代农民工不愿回农村、城里人不愿去农村的原因之一。小厕所，大民生；小厕所，大文明。农村厕所状况体现了一个地区的发展水准和文明程度，关系到人民群众的身体健康和生活品质。农村改厕已成为农民群众热切期盼、全社会广泛关注的一项重要民生工程。

　　习近平总书记长期关注、多次强调，厕所问题不是小事情，是城乡文明建设的重要方面，要把这项工作作为乡村振兴的一项具体工作来推进，努力补齐这块影响农民群众生活品质的短板。为了深入贯彻落实习总书记关于农村改厕的重要指示和中央决策部署，农业农村部组织深入推进农村"厕所革命"。为了配合农村改厕工作，讲好改厕故事，普及厕所粪污资源化利用知识，农业农村部规划设计研究院组织编绘了科普绘本《图说离不开的小空间——农村厕所的故事》。

　　本书以通俗易懂、喜闻乐见的科普问答方式介绍了厕所的发展历程和农村厕所粪污的特点与处理方式，宣传和推广不同类型改厕技术、建造要求、粪污资源化利用技术等实用知识。希望本书能够帮助广大农民对改厕及粪污资源化利用建立起系统、全面、科学、准确的认知，对农村改厕技术模式选择和工程建设起到一定的借鉴作用。

　　书中不足之处在所难免，敬请广大读者批评指正。

编　者

2019年7月

目录

第一章
厕所那点事

一、厕所的发展历程如何？

远古时期

考古学家发现，5000年前的半坡村氏族部落遗址中，人类居住的地方留有一些小土坑。经过不断认证，最终确定这些小土坑就是古时候的简易厕所。从那时开始，我们的老祖宗就开始"讲文明"了，这些"坑"被视为中国最早的厕所。

奴隶/封建社会时期

我国最早的厕所记载，出现在西周《仪礼·既夕礼》中："隶人涅厕"说的就是古人掘地为厕，待坑满后，就命令奴隶把坑填上，再挖个新坑。从夏商西周到清朝初期，厕所的名称经历了溷、圊、偃、厕、清、使所等。为了避讳，厕所还得到了很多"昵称"，如"舍后""西阁""沃头""毛司"，以及唐朝的"更衣室"、宋朝的"雪隐"、明朝的"宫厕"、清朝的"恭桶"等。

偃

溷

恭桶

中华人民共和国成立初期

　　"茅厕"是人们见到的第一种现代厕所，这种一条坑连接粪池的设计普及于城乡，既方便人们如厕，又方便人们施肥，一举两得。但是，这也带来了一个很现实的问题，味道太大且蝇蛆飞舞蠕动，令人作呕。中华人民共和国成立开始，全国各地开展了轰轰烈烈的"爱国卫生运动"，建厕所、管粪便、除四害，极大地提升了厕所卫生水平。

改革开放初期

　　20世纪80—90年代，举国上下以筹备亚运会为契机，开展了一场声势浩大的厕所整治行动，也就是大家所说的"厕所革命"。一段时间的集中整治让我国的厕所问题开始有所缓解。这时，人们开始意识到，厕所之所以"臭"，是因为它的设计出了问题。

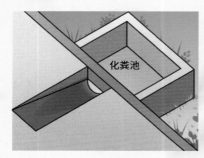

水泥砖块砌的厕坑及化粪池

化粪池定时清掏

将粪尿作为肥料用于农田

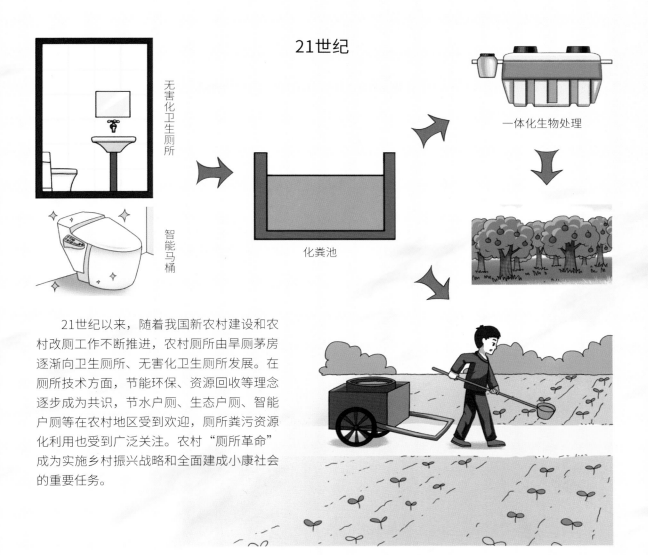

21世纪

无害化卫生厕所

智能马桶

化粪池

一体化生物处理

21世纪以来，随着我国新农村建设和农村改厕工作不断推进，农村厕所由旱厕茅房逐渐向卫生厕所、无害化卫生厕所发展。在厕所技术方面，节能环保、资源回收等理念逐步成为共识，节水户厕、生态户厕、智能户厕等在农村地区受到欢迎，厕所粪污资源化利用也受到广泛关注。农村"厕所革命"成为实施乡村振兴战略和全面建成小康社会的重要任务。

二、粪尿有哪些危害？

粪便中含有很多种对人体健康有害的病原体，细菌会导致痢疾、伤寒和副伤寒、霍乱及细菌性食物中毒等，病毒可导致甲型肝炎、戊型肝炎、胃肠炎等，寄生虫卵会导致蛔虫病、蛲虫病、血吸虫病、绦虫病及其他人兽共患寄生虫病等。

一般情况下，致病微生物在自然环境中可存活数周至数月；寄生虫卵可以在没有处理的粪便中存活数月至数年。所以，粪便必须经过无害化处理，避免疾病的传播和流行。

粪便和尿液中含有大量的氮、磷等，一旦排入水体，会造成水体的富营养化，导致水源污染。被粪尿污染的水渗漏到地下，会使地下水中硝酸盐含量升高，增加消化系统肿瘤的发病风险。

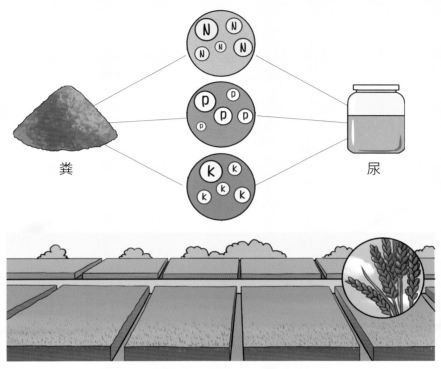

经无害化处理后，可施用于农田生产绿色有机产品

三、粪尿有哪些用处？

　　粪尿是粪和尿的混合物，是我国广大农村地区普遍施用的一种农家肥料。俗语有，"庄稼一枝花，全靠粪当家。"

　　粪尿的养分含量较高，其中含氮、磷、钾较多，还有少部分微量元素和无机盐，都是农作物需要的营养物质。据测定，1吨人粪尿相当于11～17千克尿素和3～6千克磷酸二氢钾。

第二章
农村厕所改造

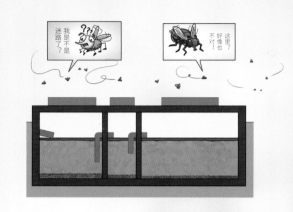

一、农村为什么要改厕？

减少疾病传播

农村改厕后能够控制粪尿污染，减少蚊蝇传播疾病，降低痢疾、伤寒、霍乱、肝炎、胃肠炎等疾病的发病率，阻断血吸虫病、蛔虫病、钩虫病等寄生虫病的传播。

改善生活环境

农村改厕后通过密封等措施阻断粪污对环境的影响，减少臭气产生和蚊蝇滋生，源头防控粪污对水源的污染，解决因厕所粪污暴露带来的脏、乱、差问题，改善农村人居环境。

提高生活品质

文明卫生

如厕环境改善

农村改厕

院落整齐

有机肥料

生产有机农产品

有机农产品

冲水和洗手设施改善

厕所卫生条件的改善，可提高如厕的便捷性和居住的舒适度，并且经无害化处理后的粪污可作为有机肥料生产优质农产品，提高农民生活水平。

在农村建造并推广使用卫生厕所，可以改变村民一些传统的不卫生习惯和生活观念，提高村民的卫生健康意识，有效控制农村生活污染。

二、农村厕所要改成什么样的？

有蹲（坐）便器

无害化卫生厕所

有墙、顶

地面防渗、硬化，化粪池不渗、不漏

不得检出血吸虫和钩虫活卵；蛔虫卵死亡率≥95%；粪大肠菌值≥10^{-2}；沙门氏菌不得检出

清洁，无蝇蛆，基本无臭

简单来讲，农村厕所要改成无害化卫生厕所。厕所内有墙、顶、门、蹲（坐）便器，地面硬化，化粪池达到不渗、不漏，清洁，无蝇蛆，基本无臭，可对粪便进行无害化处理，有效降低粪便中生物性致病因子的传染性。

三、无害化卫生厕所有哪些类型？

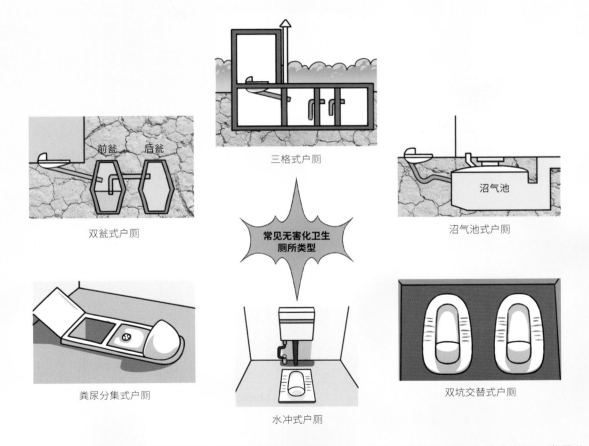

双瓮式户厕

三格式户厕

沼气池式户厕

常见无害化卫生厕所类型

粪尿分集式户厕

水冲式户厕

双坑交替式户厕

　　无害化卫生厕所，按照粪尿收集处理方式分为三格式户厕、双瓮式户厕、双坑交替式户厕、粪尿分集式户厕、沼气池式户厕和具有完整上下水道系统及污水处理设施的水冲式户厕等几种类型。

四、新型厕所有哪些类型？

新型厕所有污水和粪便一起处理的一体化生物处理厕所，免水冲且能生产有机肥的生态旱厕，以及可加压的真空自吸式节水厕所等。

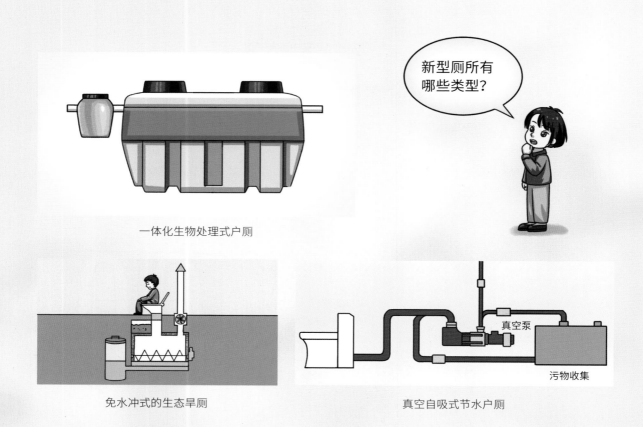

一体化生物处理式户厕

免水冲式的生态旱厕

真空自吸式节水户厕

第三章
三格式户厕

一、三格式户厕的组成及特点是什么？

三格式户厕由厕屋、蹲（坐）便器、冲水设备、三格化粪池等组成。三格化粪池主要采用粪渣沉降和微生物降解的原理，对粪污进行无害化处理，适合在不具备上下水管网的农村地区推广。

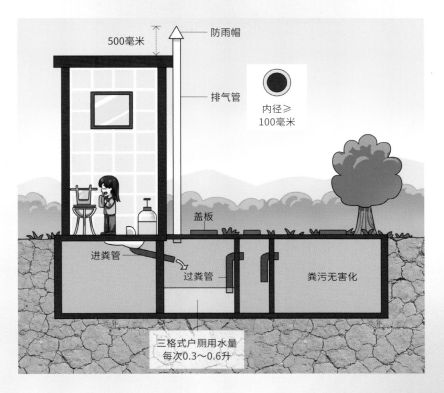

500毫米

防雨帽

排气管

内径≥
100毫米

盖板

进粪管

过粪管

粪污无害化

三格式户厕用水量
每次0.3～0.6升

二、三格式户厕怎样冲水？

建议采用节水型高压冲水装置。该装置由贮水桶、冲水泵、桶盖、脚踏板或按钮、出水管等组成，主要利用高压泵压力作用，通过脚踩或按压等形式冲水。

三、三格式化粪池如何实现粪污无害化？

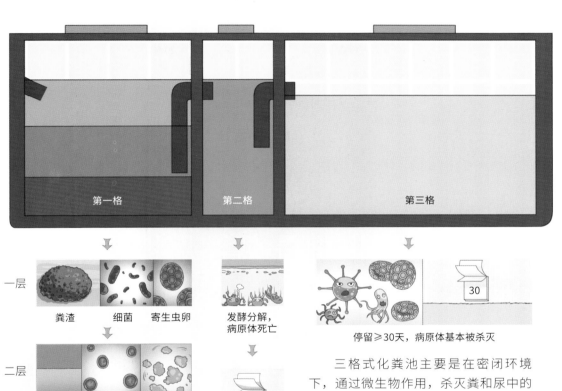

| 一层 | 粪渣　细菌　寄生虫卵 | 发酵分解，病原体死亡 | 停留≥30天，病原体基本被杀灭 |

一层　粪渣　细菌　寄生虫卵

发酵分解，病原体死亡

停留≥30天，病原体基本被杀灭

二层　澄清液体　含虫卵较少　发酵粪液

10

停留≥10天，粪液进一步无害化

三层　块状或颗粒状粪渣　粪与寄生虫组成　停留时间≥20天

20

三格式化粪池主要是在密闭环境下，通过微生物作用，杀灭粪和尿中的病原体，分解有机物质，实现无害化和稳定化。粪污在第一格中通过沉降和微生物反应实现初步无害化，在第二格中微生物进一步作用，在第三格中实现彻底无害化。粪尿在三格中停留时间分别不少于20天、10天和30天。

四、如何正确建造三格式户厕？

　　三格式户厕化粪池主要有砖砌结构和预制化粪池两种形式。砖砌结构化粪池的施工主要包括挖坑、基础处理、池体建设（安装）、试水启用等，关键是做好防渗和过粪管安装工作。建设好后，需要先进行试水，然后再启用。预制化粪池按照要求安装即可。

　　①**挖坑**：土质较好的地块垂直开挖，砌筑时砖块紧贴坑壁；土质差或有地下水的地块，按一定坡度放坡开挖，回填宽度不小于150毫米；地下水位高的地块，先在附近挖2米深集水井，抽干积水后开挖建池。高寒地区可采用深埋和覆盖保温材料等防冻措施，确保稳定运行。

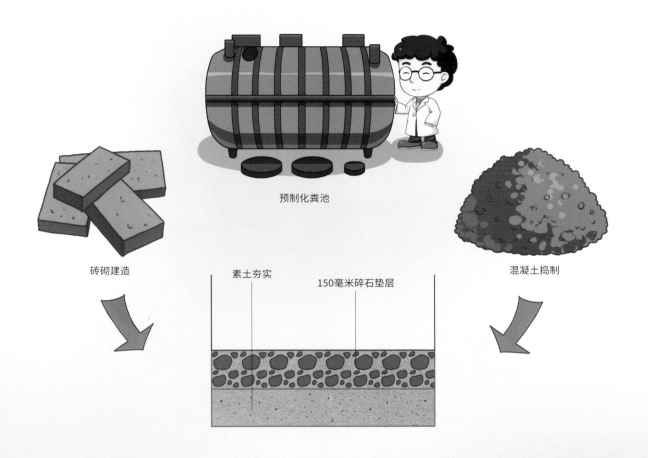

预制化粪池

砖砌建造

素土夯实　　　150毫米碎石垫层

混凝土捣制

②**基础处理**：夯实地基，用50～100毫米的混凝土垫层做基础，防止由于地基不均匀沉降造成设备位移和渗漏。

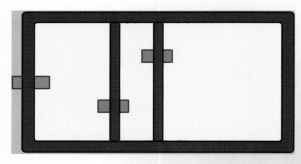

"目"字形

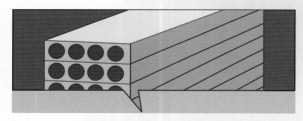

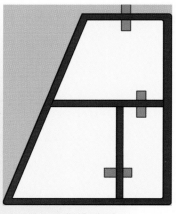

"品"字形

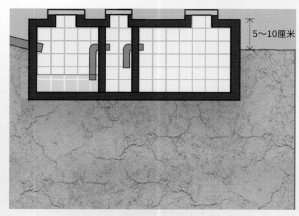

5～10厘米

③**池体建设（安装）**：采用预制三格式化粪池时，施工时应认真检查有无破损问题，必要时注水测试。采用现浇池体的，按化粪池的尺寸先砌好墙体，分三格，可根据空间建成"品"字形或"目"字形等，中间分隔两道墙体，抹好水泥，注意掌握好进粪管、过粪管的安装时间、位置与方向。应选择素土回填，可掺入30%的碎石或碎砖瓦。池顶板和顶盖采用预制板，保证密封。化粪池顶部应高于周围地面5～10厘米，防止积水流入。

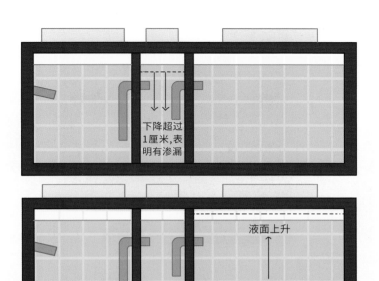

下降超过
1厘米,表
明有渗漏

液面上升

地下水渗入

④**试水启用**：化粪池建好后，应先试水。各池加满水，若24小时水位下降超过1厘米，则表明有渗漏，可使用含有防渗粉的水泥浆抹面1～2次。若液面上升，则说明地下水位较高，有地下水渗入，应采取相应措施防渗抗浮。

五、三格式化粪池需要建多大?

　　三格式化粪池三格容积比例为2：1：3。以一家四口为例，需建造1.5立方米，其中，第一格0.5立方米，第二格0.25立方米，第三格0.75立方米。

三格容积比例为2：1：3

一家四口为例

0.5立方米	0.25立方米	0.75立方米

六、进/过粪管怎样设置?

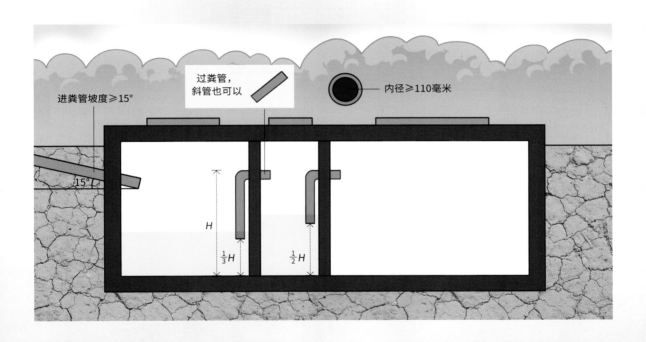

进粪管: 宜采用内径不小于110毫米的聚乙烯（PVC）塑料管,与水平线角度不小于15°。

过粪管: 一般用莲蓬弯或斜插管,错位设置。第一、二格间的过粪管下端口位于第一格最高液位下1/3处,上端口位于最高液位上限处;第二、三格间的过粪管下端口位于第二格最高液位的1/2处,上端口位于最高液位上限。

七、三格式户厕有哪些管理要点？

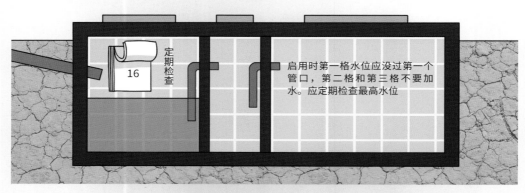

定期检查

启用时第一格水位应没过第一个
管口，第二格和第三格不要加
水。应定期检查最高水位

严禁扔杂物，如手
纸、妇女卫生用品等

对于厕所粪污还田利用的，应禁
止洗澡水、洗衣水进入化粪池

三格式户厕应严格按照"稳定、节水、安全"的要求使用和维护，启动时注意初始水位，运行时禁止扔入杂物，禁止洗涤废水进入化粪池，并根据运行情况及时清掏，防止环境污染。

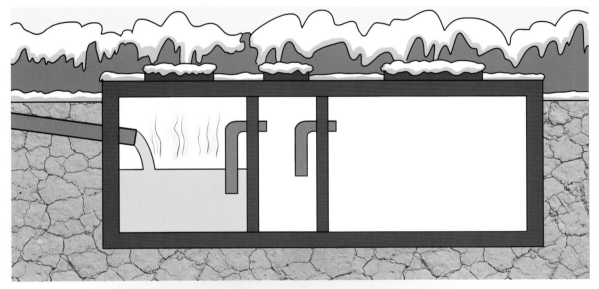

寒冷地区冬季户厕运行时，如便器和进粪管污渍积累较多，应用热水清理，确保进粪管通畅

粪污可抽出集中处理

不得往化粪池里扔炮仗、烟头

第四章
双瓮式户厕

一、双瓮式户厕的组成及特点是什么？

双瓮式户厕由前瓮、蹲（坐）便器、后瓮、厕屋、便器、排气管等组成。双瓮（双格）由相互连通的两个密闭粪池组成，中间由过粪管连通，利用粪便在池内厌氧发酵分解，实现沉淀或杀灭粪便中的病原体，如寄生虫卵和肠道致病菌。

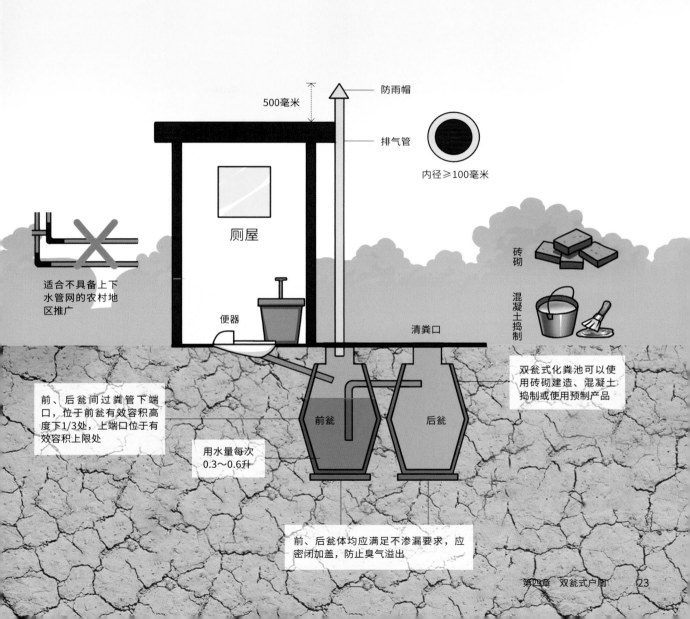

防雨帽

500毫米

排气管

内径≥100毫米

厕屋

适合不具备上下水管网的农村地区推广

砖砌

混凝土捣制

便器

清粪口

双瓮式化粪池可以使用砖砌建造、混凝土捣制或使用预制产品

前、后瓮间过粪管下端口，位于前瓮有效容积高度下1/3处，上端口位于有效容积上限处

前瓮

后瓮

用水量每次0.3~0.6升

前、后瓮体均应满足不渗漏要求，应密闭加盖，防止臭气溢出

二、双瓮式户厕如何实现粪污无害化？

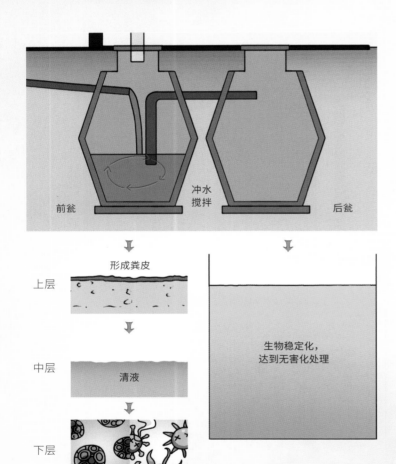

前瓮　冲水搅拌　后瓮

形成粪皮

上层

中层　清液

下层

杀灭寄生虫等
致病微生物

生物稳定化，
达到无害化处理

双瓮式化粪池中，粪尿通过在瓮体内密闭贮存，物料经过厌氧发酵、沉淀分层，其中的细菌、病毒、寄生虫（卵）被杀灭或去除，达到无害化处理。

三、双瓮式化粪池需要建多大？

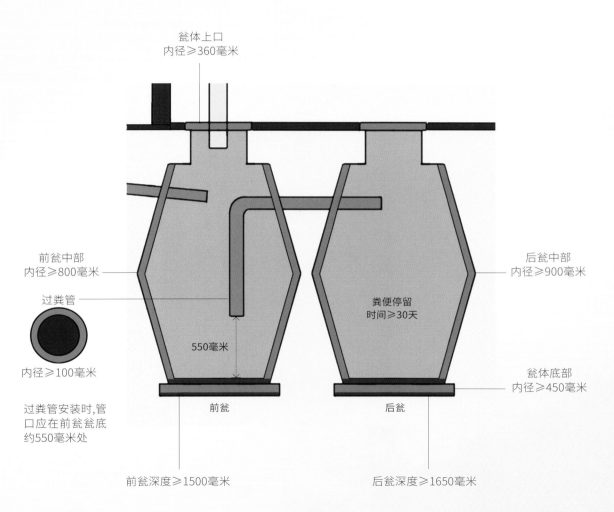

瓮体上口
内径≥360毫米

前瓮中部
内径≥800毫米

过粪管

内径≥100毫米

过粪管安装时,管
口应在前瓮瓮底
约550毫米处

550毫米

前瓮

后瓮中部
内径≥900毫米

粪便停留
时间≥30天

瓮体底部
内径≥450毫米

后瓮

前瓮深度≥1500毫米

后瓮深度≥1650毫米

四、如何正确建造双瓮式化粪池？

　　双瓮式化粪池主要有砖砌结构和预制化粪池结构两种形式。砖砌结构化粪池的施工主要包括挖坑、基础处理、池体建设（瓮体安装）、试水启用等。关键是做好防渗和粪管安装，保证瓮体不发生位移。建设好后，需要先进行试水，然后再启用。预制化粪池按照要求安装即可。高寒地区可采用深埋和覆盖保温材料等防冻措施，确保稳定运行。

砖砌结构化粪池

①挖坑

三基土夯实

②池体建设

③覆土回填

素土

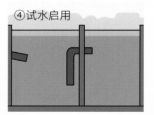

④试水启用

预制化粪池

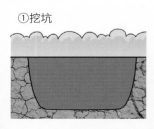

①挖坑

②瓮体安装

防水、防腐处理

加螺固丝

③安装粪管

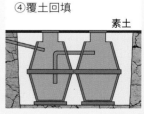

④覆土回填

素土

五、双瓮式户厕有哪些管理要点?

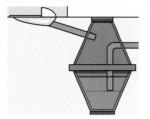
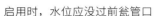

启用时,水位应没过前瓮管口

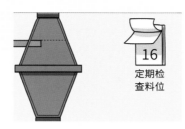

最高水位为没过后瓮出粪管管口

禁止杂物进入马桶或厕坑

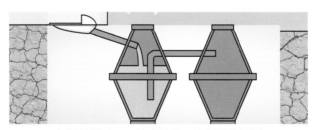

气温较低时,用热水清理,确保粪管畅通

禁止洗澡水、洗衣水等污水进入化粪池

抽粪车,从后瓮进行抽粪

不得往里面扔炮仗、烟头

第五章
双坑交替式户厕

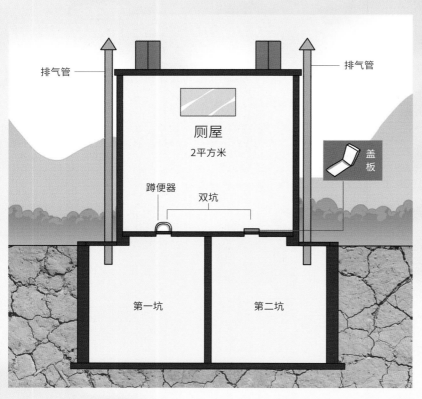

一、双坑交替式户厕的组成及特点是什么？

排气管

排气管

厕屋

2平方米

盖板

蹲便器

双坑

第一坑

第二坑

双坑交替式户厕由厕屋、蹲便器、化粪池等部分组成。双坑交替式化粪池主要采用微生物作用的原理，对粪污进行无害化处理。

双坑交替式户厕的特点：双坑形状、容积相同，上部预制板留有2个长方形如厕蹲口，蹲口设有盖板，如厕后封闭蹲口；双坑贮粪池各设有1个排气管，厕屋设置在双坑上方；多应用于干旱、高寒地区。

二、双坑交替式户厕如何实现粪污无害化？

　　双坑交替式化粪池主要是在密闭环境下，通过微生物作用，杀灭粪污中的病原，实现无害化。先使用第一坑，粪尿积满后，将第一坑封闭，启用第二坑，第一坑粪污贮存6个月需清掏，进行堆肥等方式的无害化处理，双坑交替使用。如厕后，撒下适量草木灰、炉渣、碎秸秆等覆盖。

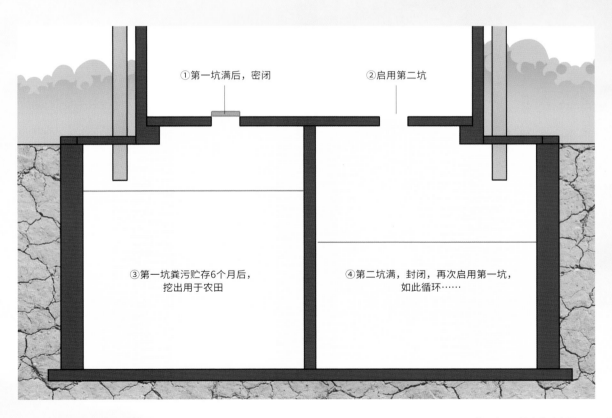

①第一坑满后，密闭　　②启用第二坑

③第一坑粪污贮存6个月后，挖出用于农田　　④第二坑满，封闭，再次启用第一坑，如此循环……

三、双坑交替式户厕需要建多大？

以一家四口为例，双坑交替式户厕建设大小如图所示。单个厕坑容积不小于0.6立方米，每个厕坑后墙各有一个长300毫米、宽300毫米的方形出粪口。

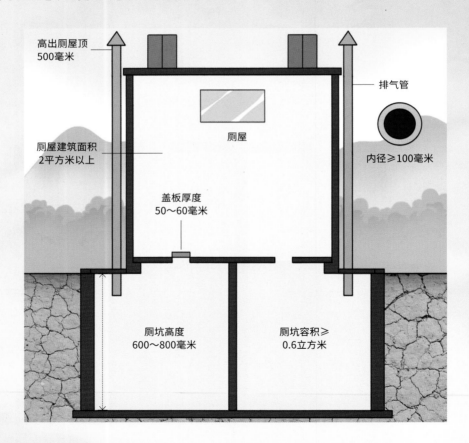

高出厕屋顶
500毫米

排气管

内径≥100毫米

厕屋

厕屋建筑面积
2平方米以上

盖板厚度
50～60毫米

厕坑高度
600～800毫米

厕坑容积≥
0.6立方米

四、如何正确建造双坑交替式化粪池？

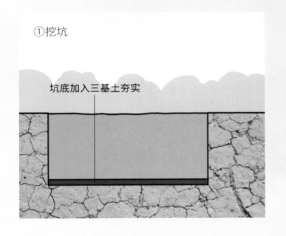

① 挖坑

坑底加入三基土夯实

② 基础处理

防水、防渗处理

③ 池体建设安装

混凝土捣制

砖砌建造

④ 试水回填

砖砌贮粪坑要做好防水、防腐处理，注入试水，确保无渗漏后方可启用，并选择素土回填

覆土

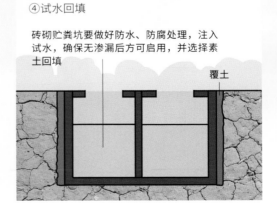

五、双坑交替式户厕有哪些管理要点？

便后用干细土、锯末、稻壳等覆盖

待粪便贮满后，封存6个月

如果不足半年需清掏，应采用堆肥等方式进行无害化处理

贮粪坑应集中使用其中一个

不得往里面扔炮仗、烟头，否则可能会引起可燃气体的爆炸

第六章
粪尿分集式户厕

一、粪尿分集式户厕的组成及特点是什么？

粪尿分集式户厕由厕屋、分集式便器、贮尿桶、贮粪池、贮粪池盖板（吸光板）和排气管等组成。粪尿分集式户厕整体构筑物均设计在地面以上。适用于干旱缺水地区。

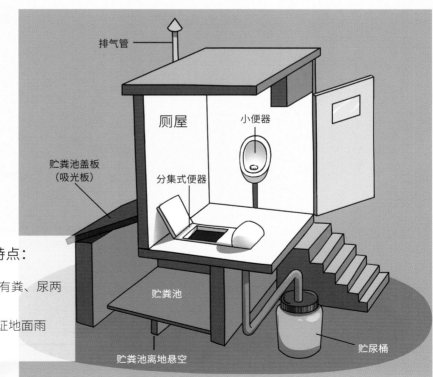

- 排气管
- 厕屋
- 小便器
- 贮粪池盖板（吸光板）
- 分集式便器
- 贮粪池
- 贮粪池离地悬空
- 贮尿桶

粪尿分集式户厕的特点：

①粪尿分集式便器分别有粪、尿两个收集口。

②贮粪池离地悬空，保证地面雨水、潮气不会侵入。

二、粪尿分集式户厕如何实现粪污无害化？

粪尿分集式户厕采用专用便器，对粪便和尿液分别进行收集和处理。粪便经集便口进入贮粪池内，尿液经集尿口进入贮尿桶内，如厕者将厕屋内储存的草木灰、细土、秸秆粉、稻壳等撒向粪便，使粪便失去一部分水分；贮粪池盖板（吸光板）使贮粪池温度升高，加之排汽管将汽化的水汽排走，粪便不断失去水分直至成为粪干，病原体不能存活，实现粪便无害化。

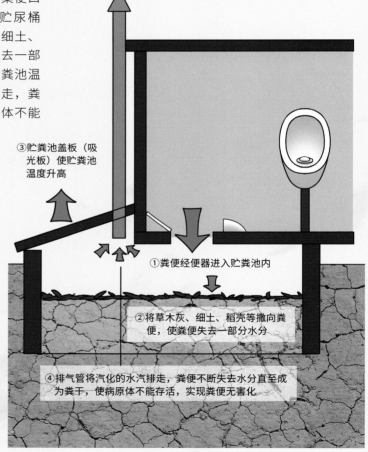

③贮粪池盖板（吸光板）使贮粪池温度升高

①粪便经便器进入贮粪池内

②将草木灰、细土、稻壳等撒向粪便，使粪便失去一部分水分

④排气管将汽化的水汽排走，粪便不断失去水分直至成为粪干，使病原体不能存活，实现粪便无害化

三、粪尿分集式户厕需要建多大？

以一家四口为例，单贮粪池有效容积不小于0.8立方米，双贮粪池每池有效容积不小于0.5立方米，贮尿池容积不小于0.5立方米。

以一家四口为例

厕屋

清掏周期约3个月

单贮粪池≥0.8立方米，建议长1200毫米、宽1000毫米、高800毫米

贮尿池容积≥0.5立方米

双贮粪池，每池有效体积≥0.5立方米，建议长1500毫米、宽1000毫米、高800毫米

四、如何正确建造粪尿分集式户厕?

① 选址

建造时应选择庭院内阳光充足、不潮湿的地方,吸光板方向应朝南

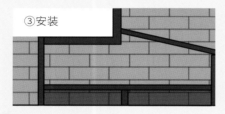

③ 安装

砖砌贮粪池要做好防水、防腐处理,固化干燥后,应将水注入试水,确保无渗漏后方可启用

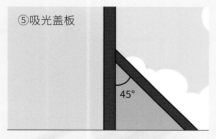

⑤ 吸光盖板

45°

贮粪池安装晒板,应用正反面涂黑的金属板制作,斜度45°左右

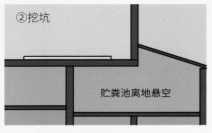

② 挖坑

贮粪池离地悬空

贮粪池离地悬空,贮粪池做好防水、防雨措施,保证地面雨水、潮气不会侵入

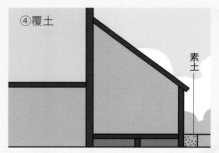

④ 覆土

素土

贮粪池回填时,应选择素土回填

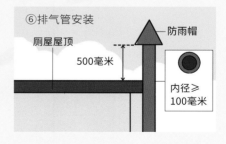

⑥ 排气管安装

防雨帽

厕屋屋顶

500毫米

内径≥100毫米

排气管设置高度应超过厕屋顶沿500毫米,内径≥100毫米,顶端必须设置防雨帽

五、粪尿分集式户厕有哪些管理要点？

定期清理尿迹、粪迹和散落的覆盖料，保持厕所清洁

厕屋内必须放置覆盖料桶，保证覆盖料满足如厕需要

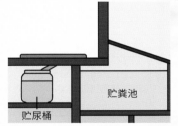

贮尿桶、贮粪池积满时，应及时清理

禁止洗衣水和洗浴用水进入

禁止炮仗、烟头、妇女用品等进入

第七章
沼气池式户厕

一、沼气池式户厕的组成及特点是什么？

沼气池式户厕主要利用粪便发酵产沼气的原理，将厕所和沼气池通过管道连接在一起，对粪污进行无害化处理。沼气池式户厕包括地上和地下两部分，地上部分包括厕屋、便器、沼气池活动盖、导气管等；地下部分包括进料口、出料间、户用沼气池等。

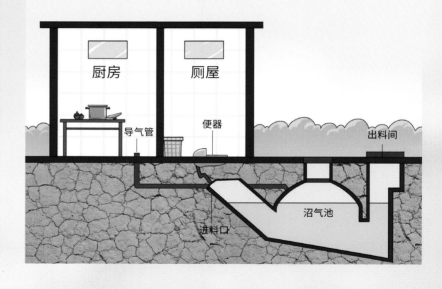

特点：

①厕所和沼气池一体化，既可解决粪污贮存处理难题，又可提供沼气和肥料，有效缓解农村清洁能源和肥料不足问题。

②降低使用成本，减少清粪次数（1～2年清理1次）。

③改善卫生环境，沼气池具有杀卵、灭菌、除臭的功能，可有效改善农村脏、乱、差的环境面貌。

④适用范围广，已建设或适宜建设户用沼气的农村都适用。

二、沼气池式户厕如何实现粪污无害化？

沼气池式户厕主要是在密闭环境下，通过微生物作用，杀灭粪污中的病原体，实现无害化。

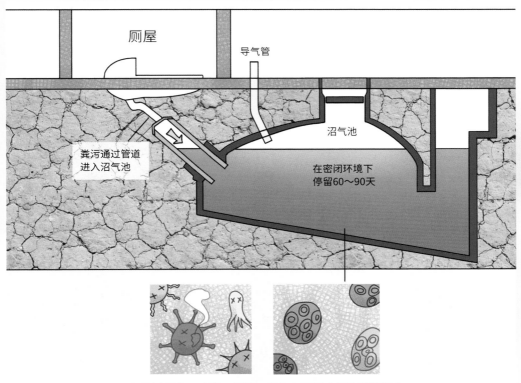

在此过程中，病毒、细菌、寄生虫卵等病原体逐渐死亡

三、沼气池式户厕有哪些类型?

沼气池式户厕主要有三联通式沼气池厕所、人粪预处理式沼气池厕所、一池二隔式沼气池厕所、曲流布料式沼气池厕所和两级发酵式沼气池厕所5种类型。

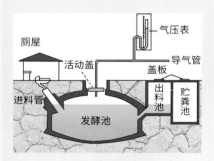

三联通式沼气池

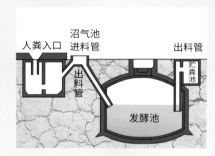

人粪预处理式沼气池

一池二隔式沼气池

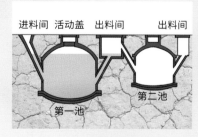

曲流布料式沼气池

两级发酵式沼气池

图说离不开的小空间——农村厕所的故事

四、沼气池式户厕沼气池需要建多大？

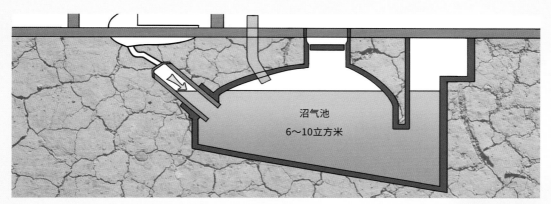

一般需建造6～10立方米的沼气池

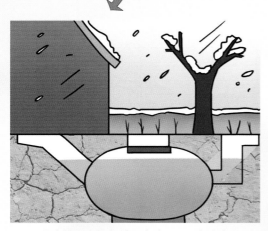

北方地区，沼气池一般为8～10立方米

南方地区，沼气池一般为6～8立方米

五、如何正确建造沼气池式户厕?

　　沼气池式户厕建造包括选址、挖坑、浇筑池底、砌筑池身、浇筑池顶、砌筑进出料口、涂抹密封、盖厕屋、装便器、试压试水等10个步骤。需要有专业的技术人员现场指导，才可以建设。按照《户用沼气池质量检查验收规范》试水、试压。

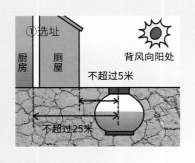

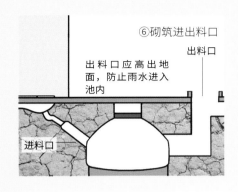

⑥砌筑进出料口

出料口

出料口应高出地面，防止雨水进入池内

进料口

⑦涂抹密封

沼气池密封，保证沼气池不漏气、不漏水

⑧盖厕屋

面积不小于2平方米

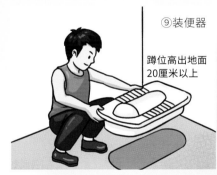

⑨装便器

蹲位高出地面20厘米以上

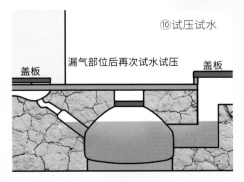

⑩试压试水

盖板

漏气部位后再次试水试压

盖板

六、现有厕所如何改造成沼气池式户厕？

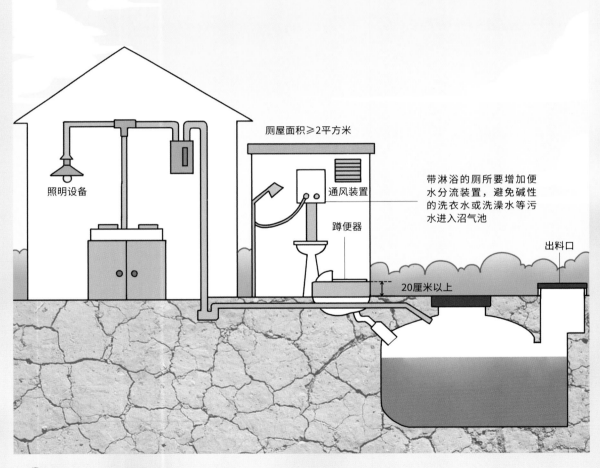

照明设备

厕屋面积≥2平方米

通风装置

蹲便器

带淋浴的厕所要增加便水分流装置，避免碱性的洗衣水或洗澡水等污水进入沼气池

出料口

20厘米以上

七、沼气池式户厕使用时有哪些注意事项?

按2立方米人畜粪便准备(需要堆沤5~7天,不能直接用鸡粪作为启动原料),并保证所有粪便未经过化学剂消毒处理,另外还需要准备接种物1立方米

堆沤5~7天

接种物1立方米

沼气池式户厕启动后,为提高产气率,每天补料13~26千克,大概在沼气池启动后30天进行补料,以后每隔10~20天补料一次,粪便可直接冲入

每天补料13~26千克

以后每隔10~20天补料1次,粪便可直接冲入

如果使用干秸秆,则需铡短或粉碎,并用水或发酵液浸透再放入堆沤5~7天

秸秆发酵液浸透

浸透再放入

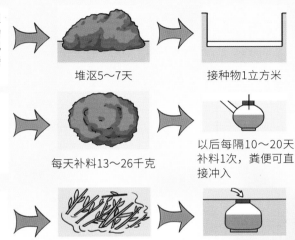

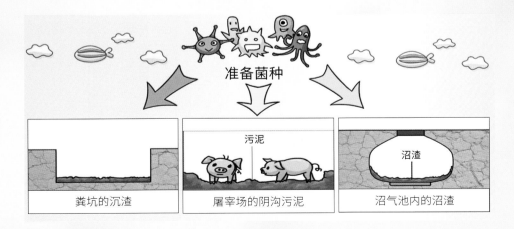

准备菌种

粪坑的沉渣

污泥

屠宰场的阴沟污泥

沼渣

沼气池内的沼渣

八、沼气池式户厕有哪些管理要点？

沼气池式户厕应注意安全：

①沼气池的进料口务必加盖，避免造成人畜伤亡。

②不得在沼气池出料口或输气管口附近点火，以免引起回火造成火灾，致使沼气池气体猛烈膨胀，爆炸破裂。

③室外管路应采取防晒保护措施，以免管路风化、老化引起漏气，严禁在沼气池5米范围内生火。

④沼气池及周围不能放过重的东西，如砖块、石头等；也不能放易燃易爆物，如柴草堆。

⑤切记在无安全防护措施的情况下，禁止贸然下池工作。

进料口务必加盖

不得在出料口或输气管口附近点火

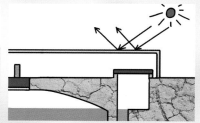

采取防晒保护措施

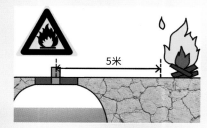

严禁在沼气池5米范围内生火

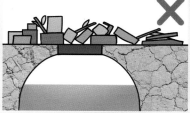

沼气池周围不能放过重的东西

无安全防护措施时，禁止下池工作

第八章
完整上下水道水冲式户厕

一、什么是完整上下水道水冲式户厕？

完整上下水道水冲式户厕是城市化、楼房居民区常用的一种卫生户厕，在城市家庭中普遍使用。近年来，随着城镇化进程加快，这种户厕在农村应用逐渐增多。完整上下水道水冲式户厕施工地点需具备市政给排水条件，一般与住宅的设计建造同步进行和完成。

优点：厕所清洁、无臭味，便器干净，粪便集中进行无害化处理，效果较好。

缺点：耗水，污水处理成本高，冬季因水箱、管道易结冰而影响厕所使用。

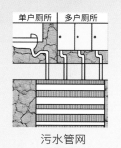

污水管网

城市近郊市政污水管网覆盖区

城镇污水处理厂

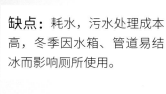

一体化污水处理设备

农村自建生活污水收集管网

达标排放

二、完整上下水道水冲式户厕的组成及特点是什么？

　　完整上下水道水冲式户厕由厕屋、便器、冲水水箱、下水管道、污水处理设施等组成。一般设置在房屋内，根据户型不同，面积也不同。便器普遍采用蹲式或坐式陶瓷便器。下水道由一家一户的支管道和单元主管道组成。粪便在便器内被水冲入支管道，经主管道汇入集中处理设施进行无害化处理。

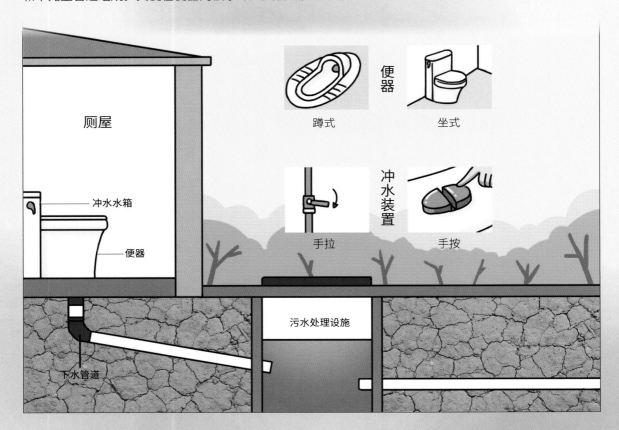

三、完整上下水道水冲式户厕是如何冲水的?

　　水冲式便器分为直冲式和虹吸式两类。直冲式便器是利用水流的冲力排出粪污，因此便器里的排粪口相对较大，坡度也较陡；虹吸式便器是通过水产生的虹吸作用将便器中的水连同粪污卷进弯管，由排水管排出完成清洗。便器存水弯的水封堵住了下水道和化粪池的气体通道，使臭气不能逸入室内。

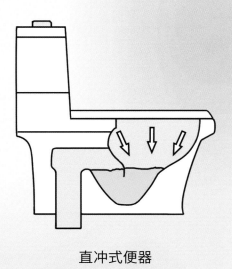

直冲式便器

冲水噪声大，管道较宽、弧度小

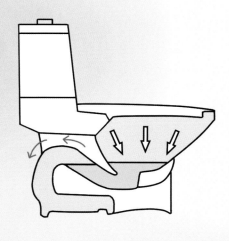

虹吸式便器

冲水噪声小，管道较窄、弧度大

四、完整上下水道水冲式户厕的污水如何处理？

厕所粪污可以根据情况与生活污水合并或单独处理。城镇周边的村庄可纳入市政管网，平原地区人口较集中的村庄可采用集中污水处理站，人口较分散的村庄可配置户用污水处理设备。

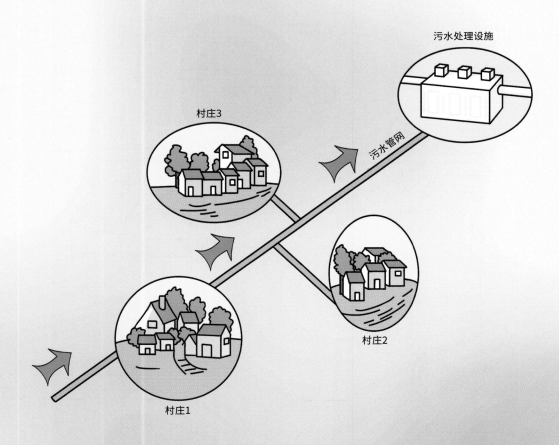

图说离不开的小空间——农村厕所的故事

五、完整上下水道水冲式户厕使用有哪些注意事项？

禁扔杂物

防止水箱、管道结冰

盖板

冲水前，应将盖板盖严

定期清理，保持清洁

第九章
一体化生物处理户厕

一、一体化生物处理户厕的组成及特点是什么？

一体化生物处理户厕由厕屋、便器、粪管、一体化生物处理设备、排水管等组成。便器可采用水冲式便器，冲水量小于6升/次，洗澡水、洗衣水可以协同处理，经过沉淀、微生物作用、二次沉淀、消毒等环节，实现出水的化学需氧量和总氮达到一级B标准。

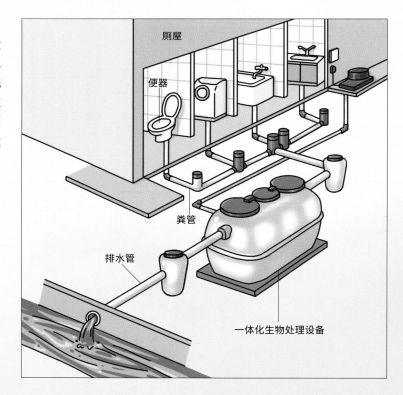

厕屋

便器

粪管

排水管

一体化生物处理设备

一体化生物处理户厕的特点

①单户或多户生活污水就地处理、就地排放。

②无需管网设计，安装不受地形影响。

③处理效果稳定，使用寿命长。

④施工快捷，运行维护简单，无需人员值守。

⑤可在排水管网不能覆盖、污水无法纳入集中处理
　设施进行统一处理的偏远地区推广使用。

⑥处理规模可覆盖1～200吨/天。

二、一体化生物处理设备如何实现污水的处理？

一体化生物处理设备相当于一个小型污水处理厂，工艺流程主要包括沉淀过滤、微生物作用、二次沉淀、消毒等环节。

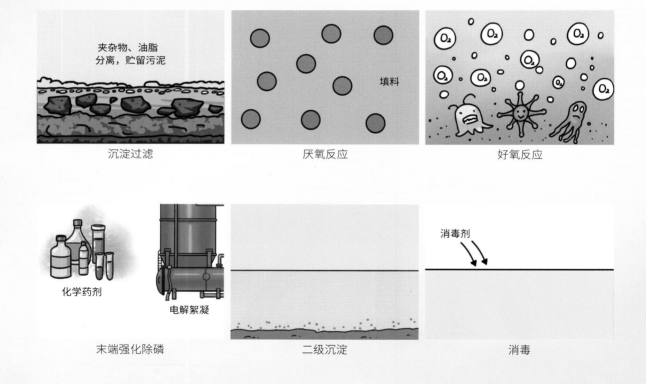

夹杂物、油脂分离，贮留污泥

沉淀过滤

填料

厌氧反应

好氧反应

化学药剂

电解絮凝

末端强化除磷

二级沉淀

消毒剂

消毒

三、如何正确建造一体化生物处理户厕？

一体化生物处理户厕建造主要包括基坑开挖、基础制作、处理设备主体安装、注水试验、原土回填、电气安装等环节。基坑大小根据设备尺寸确定，基础和回填应坚固，确保设备不发生位移。

① 挖坑

② 基础制作

混凝土基础打底20厘米

基础碎石垫层100厘米

③ 处理设备主体安装

吊车调入，确认水平，注水试验

④ 注水试验

⑤ 原土回填

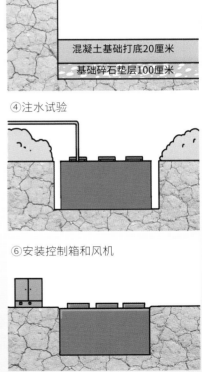

⑥ 安装控制箱和风机

四、一体化生物处理户厕有哪些管理要点？

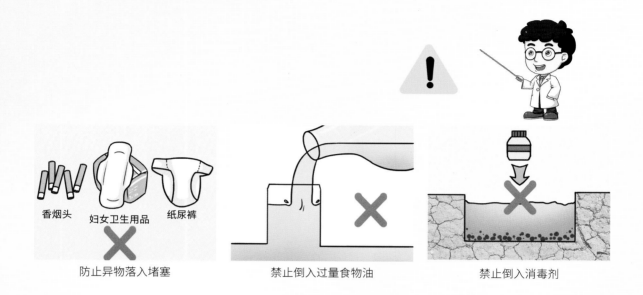

香烟头　妇女卫生用品　纸尿裤

防止异物落入堵塞　禁止倒入过量食物油　禁止倒入消毒剂

杂物

防止曝气机引起火灾和触电　防止人跌落受伤

关闭上锁

开盖板时，应先强制通风，防止含硫气体中毒或缺氧事故

开盖板时，防止缺氧或中毒

第十章
生态旱厕

一、生态旱厕的组成及特点是什么?

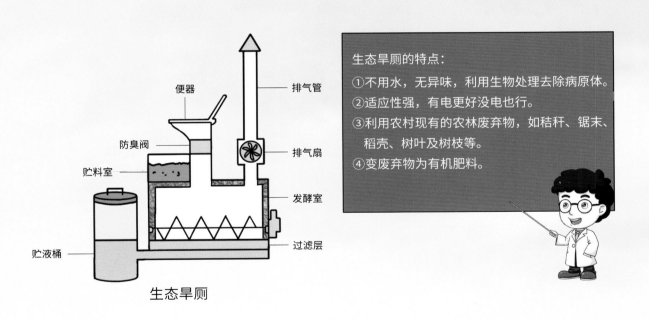

便器
排气管
防臭阀
排气扇
贮料室
发酵室
贮液桶
过滤层

生态旱厕

生态旱厕的特点:
①不用水,无异味,利用生物处理去除病原体。
②适应性强,有电更好没电也行。
③利用农村现有的农林废弃物,如秸秆、锯末、稻壳、树叶及树枝等。
④变废弃物为有机肥料。

　　生态旱厕是指无水冲,无环境污染,强调污染物自净、资源循环利用概念和功能的一类厕所。主要由便器、发酵室、防臭阀、贮料室、贮液桶、排气管等组成。适用于干旱缺水地区。

二、生态旱厕如何实现粪污无害化？

　　生态旱厕中的粪便和尿液共同进入发酵室，尿液经过滤层进入贮液桶，固体粪便通过搅拌装置与秸秆等有机物料混匀，利用复合微生物将粪污分解变成有机肥，同时，经高温发酵，病原体被杀灭；尿液经过滤层净化处理后，进入贮液桶，可以循环利用回冲便器、排放或用于灌溉。

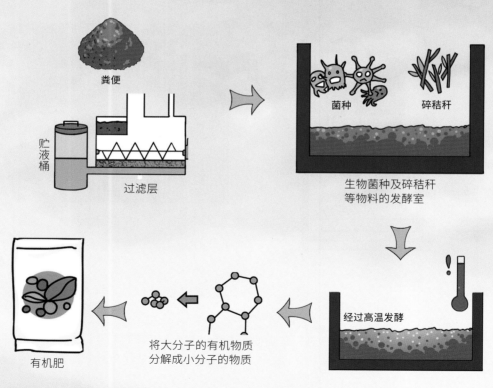

粪便

贮液桶

过滤层

菌种　碎秸秆

生物菌种及碎秸秆
等物料的发酵室

经过高温发酵

将大分子的有机物质
分解成小分子的物质

有机肥

三、生态旱厕需要建多大？

　　以一家四口为例，发酵室容积至少为1.5立方米，其中，长、宽、高分别为1.5米、1米、1米；贮液桶容积不小于50升。

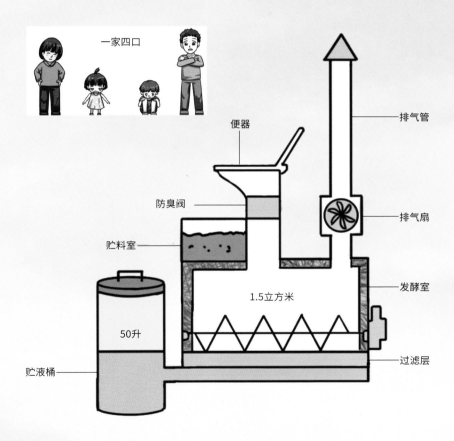

一家四口

便器

排气管

防臭阀

排气扇

贮料室

发酵室

1.5立方米

50升

贮液桶

过滤层

四、如何正确建造生态旱厕?

①挖坑

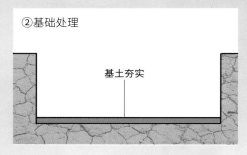

②基础处理

基土夯实

③安装

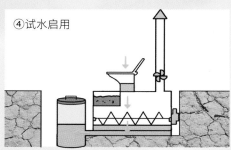

④试水启用

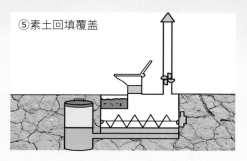

⑤素土回填覆盖

五、生态旱厕使用有哪些注意事项?

①禁止雨水和生活污水进入。
②禁止妇女用品、纸尿裤等进入。
③覆盖料要粉碎至10厘米以下。
④按时清理,保持清洁卫生。
⑤清掏周期至少1个月。

第十一章
厕所粪污资源化利用

一、厕所粪污如何处理？

厕所粪污含有氮、磷、钾、有机质等多种养分物质，从三格式户厕、双瓮式户厕、双坑交替式户厕、粪尿分集式户厕及生态旱厕等厕所化粪池清掏出的大量粪便和污水经集中收集后，采用堆肥还田、肥水还田、生态处理后灌溉水还田等途径可实现粪污的无害化处理和资源化利用，变废为宝，减少环境污染。

三格式户厕

水冲式厕所

粪尿分集式厕所

双坑交替式厕所

双瓮式户厕

生态旱厕

以污水为主

堆肥

以粪便为主

肥水

有机肥

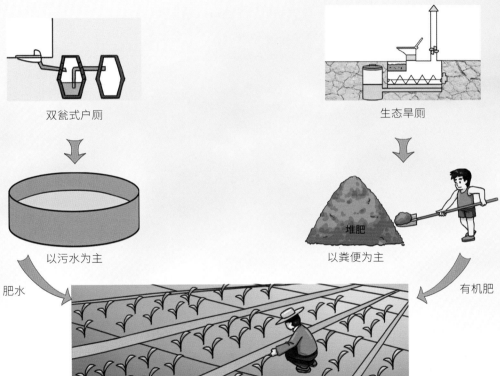
农田

二、分散的厕所粪污如何收集处理？

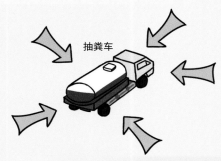

分散收集就地处理模式

人口数量较小、粪污量少，布局分散、地形复杂，难以接入集中城镇管网，或接入管网的投资大于建造处理设施的村庄

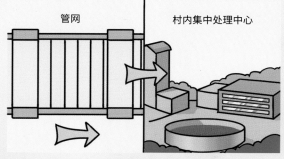

管网　　　　　村内集中处理中心

集中收集村内处理模式

人口数量较大、相对密集，粪污排放量较大，城镇管网不能覆盖，可通过管网进行收集，村内集中处理

集中收集城镇处理模式

对于距离城镇较近的村庄，可将厕所粪污统一收集，就近排入城镇排水系统集中处理

三、厕所粪污如何堆肥？

　　堆肥也称好氧发酵，是将厕所粪污与农作物秸秆/尾菜、粪便、餐厨垃圾等可腐废弃物按照一定的比例混合，在有氧和通风条件下，经过微生物的作用，将废弃的有机物质转变为有机肥料的过程。堆肥技术根据系统的开放性，可分为开放式（条垛式露天堆肥）、半开放式（如槽式车间堆肥）及密闭式（如反应器堆肥）系统三大类。

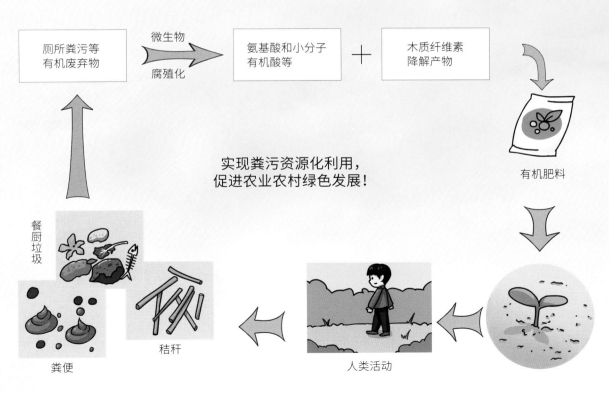

实现粪污资源化利用，
促进农业农村绿色发展！

厕所粪污等
有机废弃物

微生物
腐殖化

氨基酸和小分子
有机酸等

木质纤维素
降解产物

有机肥料

餐厨垃圾

粪便

秸秆

人类活动

1. 什么是反应器堆肥？

　　反应器堆肥是将厕所粪污等有机废弃物放置在转鼓、筒仓、箱子、隧道或反应器等容器内，通过人工控制水分、碳氮比和通风等条件，利用微生物的发酵作用，将有机废弃物转变为堆肥产品的过程。堆肥反应器包括滚筒式、筒仓式、箱式、立式、转鼓等。

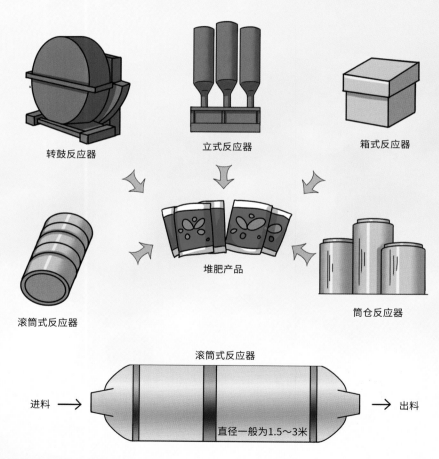

转鼓反应器

立式反应器

箱式反应器

堆肥产品

滚筒式反应器

筒仓反应器

滚筒式反应器

进料 →

→ 出料

直径一般为1.5～3米

图说离不开的小空间——农村厕所的故事

2.反应器堆肥的特点是什么？

密闭式反应器堆肥工艺主要用于中小规模养殖场的有机固体废弃物就地处理。该工艺的主要优点是发酵周期短，占地面积小，无需辅料，保温节能效果好，自动化程度高，臭气易控制；主要缺点是单体处理量小，投资高，大规模项目需要布置较多设备。

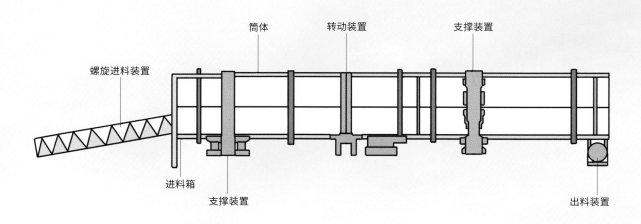

滚筒式反应器

3. 反应器堆肥设施怎么建设？

反应器堆肥设施区不需要建设厂房，只需将反应器设备安装区地面进行硬化即可。

以日处理5吨原料为例，需要配置容积为160～170立方米的滚筒反应器，以及铲车/物料输送机、除臭塔等设施。

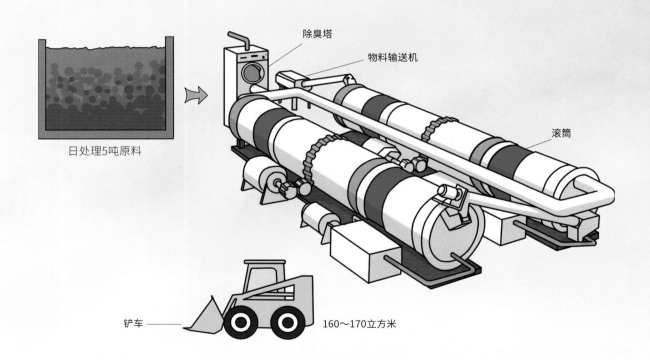

日处理5吨原料

除臭塔

物料输送机

滚筒

铲车

160～170立方米

4. 反应器堆肥设施占地面积多少?

反应器堆肥设施区域包括原料暂存区、反应器设备区和产品贮存区,其中反应器设备区为主要占地区,原料暂存区和产品贮存区可根据厕所粪污处理量需求进行选择。

以日处理5吨原料的滚筒堆肥反应器为例,反应器设备区占地面积120平方米,原料暂存区占地90平方米,产品贮存区占地面积600平方米。

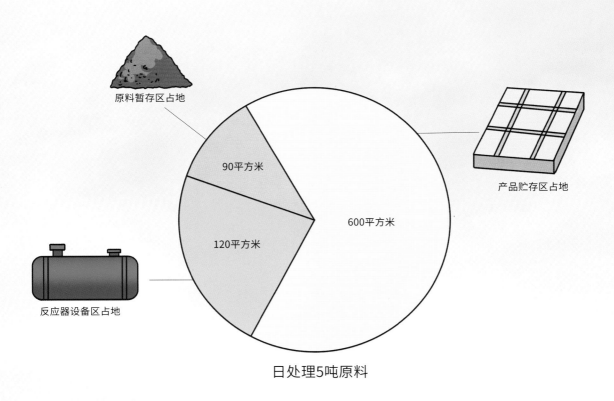

日处理5吨原料

5. 反应器堆肥有哪些注意事项？

物料中禁止混入石块、玻璃、铁质类等物质

石块　　　玻璃　　　铁质类

注意温度、水分和通风

按照堆肥反应器说明书操作

原料水分控制

原料水分含量 50%～70%时	原料水分含量 大于70%时	原料水分含量 小于50%时

可直接进料	应适当脱水或加入部分腐熟返料后进料	加入部分水，将水分含量调至55%以上后进料

四、厕所粪污如何实现肥水还田？

三格式和双瓮式等污水产生量较大的厕所，粪污集中收集后可采用贮存的方式，将厕所污水转变为肥水作为液体有机肥料施用于农田。

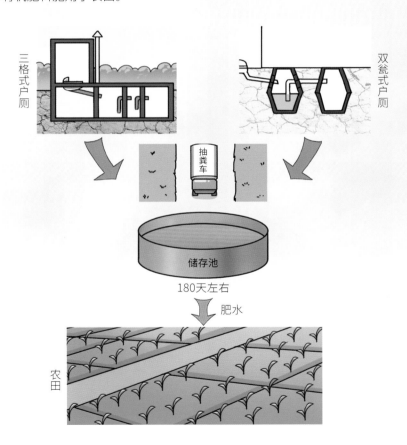

1. 粪污肥水还田的原理是什么?

    厕所粪污具有较高的氨氮浓度,含有一定量的病原微生物,以及由于农作物施肥的季节性等原因,需要储存一段时间,在微生物作用下粪污中的有机物质被分解转化为稳定的腐熟物质,其中的细菌、病毒、寄生虫卵等对农作物有害的物质被杀灭,转变为肥水后可施用于农田。

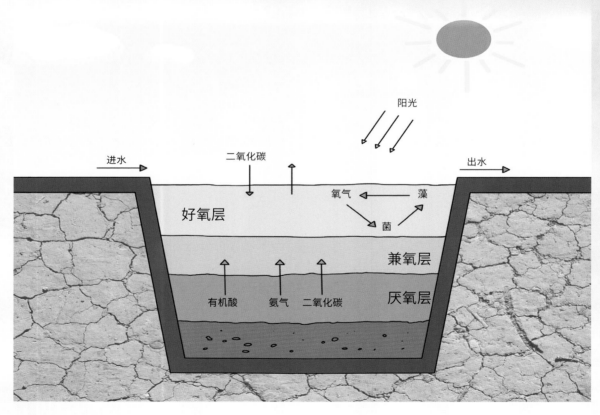

2. 粪污储存池需要建多大？

根据厕所粪污处理量设计粪污储存池。按照300户的自然村，每户4人，每人每天平均产生1.5升的尿液，储存180天，则需建造至少400立方米的粪污储存池。

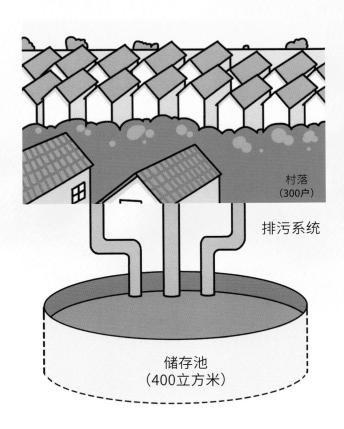

村落
（300户）

排污系统

储存池
（400立方米）

3. 粪污储存池如何建设?

以覆盖储存方式为例

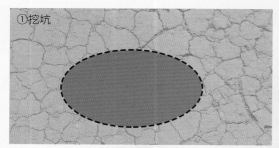

①挖坑

根据所需储存池大小先挖坑

②防渗

砖砌建造 不渗漏 混凝土捣制

严格按照流程设计建造,池体坚固不渗漏,可以采用砖砌建造、混凝土捣制等

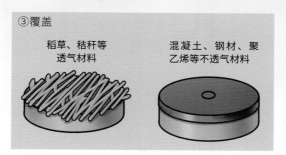

③覆盖

稻草、秸秆等透气材料 混凝土、钢材、聚乙烯等不透气材料

根据储存池的工艺,选择覆盖稻草、秸秆、混凝土盖或钢板等

4. 如何选择粪污储存的方式及工艺?

粪污储存包括自然储存、覆盖储存和酸化储存3种方式。一般来讲,自然储存方式的氨气排放量较大,覆盖储存和酸化储存方式的氨气排放量较小。

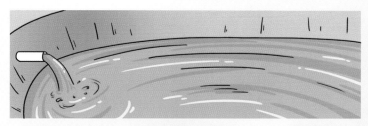

自然储存

稻草、秸秆等
透气材料覆盖

混凝土、钢材、聚乙烯等
不透气材料覆盖

覆盖储存

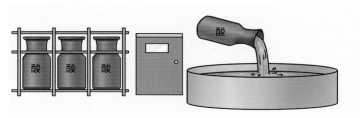

酸化储存

5.粪污储存过程有哪些注意事项?

储存池

注意安全

禁扔垃圾

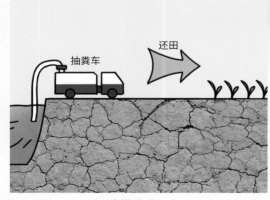

抽粪车

还田

定期清理

避免出现渗漏
污染环境

按时检修

五、粪污生态处理有哪些方法?

厕所粪污可以根据情况与生活污水合并或单独处理。选择进入管网与污水协同处理时,经污水处理技术处理后的水质要达到相关的排放水质标准。

厕所粪污单独处理时,可采用生态处理技术,利用土壤-植物-微生物复合系统共同作用的原理,通过过滤、吸收和分解作用使污水得到净化,达到灌溉水的标准后还田利用。常用方法有人工湿地、稳定塘和土地处理系统等。

1.人工湿地处理技术

以植物、土壤及微生物构成的自然生态系统为基础,经过过滤、吸附、共沉、离子交换、植物吸收和微生物分解来实现对污水的高效净化、资源化及再生利用。适用于有地表径流和废弃土地,常年气候温暖的地区。

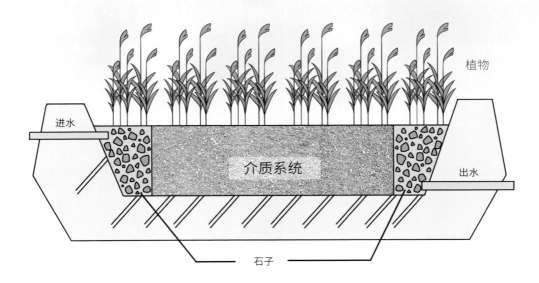

2.稳定塘

稳定塘又称为氧化塘，是以塘为主要构筑物，利用自然生物群体净化污水的处理设施。根据塘水中的溶解氧量和生物种群类别及塘的功能，可分为厌氧塘、兼性塘、好氧塘、曝气塘等。适用于有湖、塘、洼地可供利用且气候适宜、日照良好的地区。

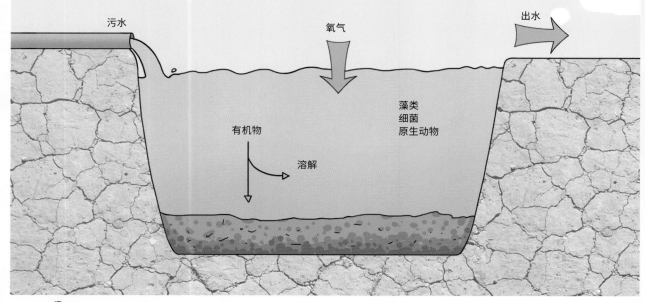

3.土地处理系统

　　利用自然系统的净化功能，在人工控制的条件下，将污水投配在土地上，通过土壤－植物系统，物理、化学、生物及其综合作用的净化过程，使污水得到净化。

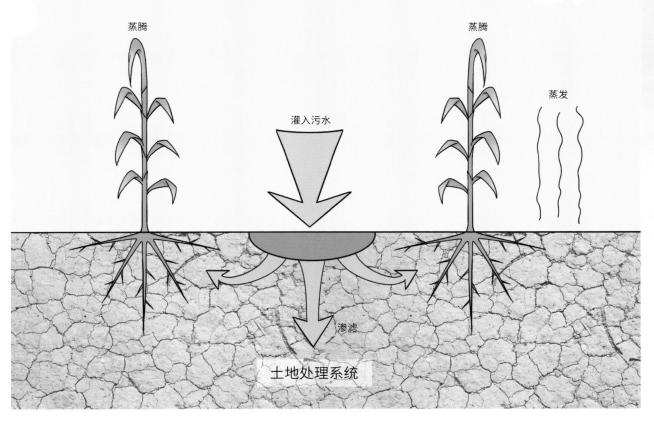

技术支持

农业农村部规划设计研究院
王惠惠　010-59197285

图书咨询

中国农业出版社
周锦玉　010-59194310